SAINT-JACQUES-DE-COMPOSTELLE EN GALICE, ESPAGNE, ET LA MÉMOIRE DE L'HISTOIRE DE LA LITHOSPHÈRE.

I- INTRODUCTION.

Un de nos articles précédents, intitulé: "*La signification des 'Alignements de Le Ménec, près de Carnac, France – La question de leurs formes en 'V' évasé*"[1], livre une interprétation originale détaillée du site mégalithique et de sa construction. Datée par nous comme étant postérieure à 5000 ans avant notre ère, notre interprétation remet en cause la position stable, et immuable, de notre Pôle Nord géographique actuel au profit d'un autre pôle Nord géographique dénommé "YUKON"[2] (60°00' de latitude Nord,: 135°00' de longitude Ouest), situé en Alaska, en limite du cercle polaire arctique. Dans cet article, l'axe de la Terre présente également notamment la particularité d'être doté d'une oscillation récurrente importante basée sur un cycle de 11 ou 22 ans.

Un autre de nos articles suivants, intitulé: "*Les temples de Ramsès II et de Néfertari, à Abou Simbel, en Egypte, pourraient-ils être les témoins récents d'un épisode de l'histoire de la lithosphère?*"[3], propose une explication originale pour les 2 temples d'ABOU SIMBEL dont les orientations des couloirs principaux peuvent trouver leurs justifications de 2 façons, selon qu'on se réfère au pôle Nord géographique actuel ou à un autre pôle Nord géographique situé, par nous, près du Détroit de BÉRING.

Dans cette même perspective, nous nous sommes mis en quête d'autres indices matériels potentiels susceptibles de conforter, ou non, la mise en évidence d'autres déplacements brusques, relativement récents, de la lithosphère de notre Planète.

Notre attention s'est tournée vers la localisation singulière du site de Saint-Jacques-de-Compostelle.[4]

II- LES COORDONNÉES GÉOGRAPHIQUES ACTUELLES DE SAINT-JACQUES-DE--DE-COMPOSTELLE.

Les coordonnées actuelles de Saint-Jacques-de-Compostelle, ville située en Galice, dans le Nord-Ouest de l'Espagne, sont:
- 42°52'35" de latitude Nord, et
- 8°33'46" de longitude Est.[5]

III- UN CONSTAT ÉTONNANT

Selon le résultat de calculs orthodromiques (= calculs de triangles sphériques) prenant comme pôles Nord un point "H" (60,00° de latitude Nord, 83,00° de longitude Ouest)[2], situé au milieu de la baie d'Hudson, au Canada (voir Annexe I: Calcul de la latitude de Saint-Jacques-de-Compostelle sous le pôle Nord géographique "H" situé en BAIE d'HUDSON, Canada), on constate que, malgré une grande différence d'angle de 41°34', soit 3285 km environ entre les 2 pôles Nord géographiques: "H" et notre Pôle Nord actuel, le site de Saint-Jacques-de-Compostelle, situé à plus de 5000 km des 2 pôles Nord, conserve quasiment la même latitude, soit respectivement 43°21' et 42°52', ou encore, exprimé autrement, une différence calculée entre les 2 latitudes de seulement 0°28', soit environ 54 km.

Doit-on en conclure qu'il s'agit ici d'une pure coïncidence ou peut-on, en faisant référence aux informations de Charles HAPGOOD, qu'il y a eu, au contraire, un déplacement important de la lithosphère?[2]

IV- LE SCÉNARIO D'UN DÉPLACEMENT DE LA LITHOSPHÈRE

Charles HAPGOOD a appelé "pivots"[6] les points remarquables de rotation autour desquels s'articulent le phénomène géophysique des déplacements survenus à la surface de la Planète.

Dans ce cas-ci, Saint-Jacques-de-Compostelle se serait alors précisément trouvé à l'emplacement de l'un de ces "pivots".

V- UN TÉMOIGNAGE SYMBOLIQUE ET CULTUREL MÉGALITHIQUE

Pour justifier de ce bouleversement particulier, il n'existe malheureusement pas, à notre connaissance, de trace aussi tangible que celle laissée, par exemple, par les 'Alignements' mégalithiques de Le Ménec près de Carnac, en Bretagne française.

Dans le cas qui nous occupe, mis à part le résultat du calcul orthodromique, seules des explications de ce phénomène géophysique, s'il a eu lieu, ne peuvent avoir recours qu'à des niveaux symboliques et culturels.

Au-delà de fortes traditions persistantes perpétuées par les cultures celtes, romaines, et dernièrement chrétiennes avec la 'Reconquista' espagnole, nous pensons qu'il est encore possible de percevoir un fond de culture mégalithique préhistorique dont les préoccupations culturelles et symboliques sont distinctes de celles qui lui succédèrent. Elles sont, en effet, à la fois d'ordre solaire, féminin et maritime, comme l'atteste le choix et l'utilisation du symbole intelligible par tous: la coquille Saint-Jacques.

Cette 'première' culture mégalithique aurait ainsi été le témoin d'un événement majeur dont elle aurait transmis la mémoire aux générations à venir. Selon celle-ci, un cataclysme de grande ampleur se serait produit impactant la côte Ouest atlantique ainsi que l'ensemble de l'Europe qui aurait subi un changement net d'orientation et de latitude.

Pour un observateur fixe, par exemple, selon les calculs, le site de Saint-Jacques-de-Compostelle aurait effectué une rotation sur lui-même de 41°34'. C'est à cette occasion que le changement apparent de la position de la Voie Lactée dans le ciel de même que les repères géographiques célestes auraient pu être constaté par les populations.

Cela pourrait expliquer notamment, en partie, le jeu toponymique[7], effectué sur le nom de Saint-Jacques-de-Compostelle[8], codifié au VIIIe siècle, en Galice, par des moines chrétiens issus de la diaspora britannique du Ve siècle[9].

Ces derniers y mêlèrent, sous forme d'énigmes par bien des aspects, des héritages culturels romains et latins: *Jacobus de Compostella*, dans le but de reprendre à leur compte les pèlerinages millénaires déjà en vigueur à leur époque. Au cours de ceux-ci, par exemple, les pratiquants - marcheurs, arrivés au Finisterre de la Galice, face à l'océan, se dévêtaient complètement et jetaient leurs vêtements dans l'océan en signe du recommencement symbolique d'une nouvelle vie.

VI- UNE DES ÉTYMOLOGIES POSSIBLES

Il existe plusieurs étymologies possibles de la dénomination latine de Saint-Jacques-de-Compostelle: *Jacobus de Compostella*.[10]

On peut, par exemple, par simple jeu, décomposer la dénomination latine de Saint-Jacques-de-Compostelle comme suit: *Jacobus decum compost stella*. Pour faire très court, cela peut se traduire alors par: "Dans le passé, je me trouve à la perpendiculaire comme avec la '*stella*'".

En effet, la '*stella*', l'étoile, était aussi une autre dénomination pour la '*groma*'[11], un instrument technique, aujourd'hui tombé en désuétude. Il était, en revanche, essentiel au travail des géomètres romains pour déterminer l'implantation de nouveaux établissements humains et de camps militaires notamment. Elle se présente sous forme de croix latine horizontale, d'environ 45 cm de côté.

Le mot '*Decum*' désigne le signe romain "X", le nombre dix. C'est aussi la même racine qui est utilisée pour désigner une perpendiculaire. On la retrouve, par exemple, pour distinguer un des deux grands axes principaux tracés lors de l'établissement d'un camp ou d'une ville romaine: la '*cardo*', l'axe Nord-Sud, et la '*decumanus*', l'axe perpendiculaire Est – Ouest. Ce serait ce signe qui aurait été repris pour rendre compte du mouvement relatif de la Voie Lactée.

En somme, selon toute vraisemblance, au-delà du message chrétien, les moines britanniques, derniers inventeurs du toponyme de Saint-Jacques-de-Compostelle, se sont inspirés, pensons-nous, d'un modèle symbolique très ancien, encore transmis oralement le long de la côte atlantique, en Galice notamment, produit par une culture ancienne qui devait être, comme nous l'avons vu, de nature maritime et devait honorer une déesse solaire.

Car, pensons-nous, seule une culture maritime, par l'usage du symbole de la coquille mais surtout fine connaisseuse du ciel pour les besoins de sa navigation, était capable de constater le maintien de la latitude du site de Saint-Jacques et de ses environs, à la suite d'un tel bouleversement.

Via ce stratagème, et son décodage, les derniers inventeurs du toponyme de Saint-Jacques-de-Compostelle ont transmis le symbole original de la coquille Saint Jacques et livré le message fondamental à destination des générations futures. Ils se seraient fondés sur une légende populaire persistante produite par une civilisation venue du fond des âges, dépourvue d'écriture, qui a relaté l'état d'un monde, mis sans dessus dessous, survenu simultanément avec l'apparition d'un phénomène astronomique exceptionnel.

VII- LES DATATIONS

La question de la datation de cet événement se pose.
Il semble que ce soit le dernier survenu de cette ampleur.

Pour situer cet événement, nous pouvons nous référer à la date présumée du début de la construction des deux temples d'ABOU SIMBEL, dédiés au pharaon RAMSÈS II (1304 – 1238 av. J.-C.) et à son épouse NÉFERTARI, à savoir: 1290 ans avant J.-C.[12] La construction aurait duré 46 ans. Ce qui postpose la date du dernier mouvement de la lithosphère après 1244 avant J.-C.

Au temps de RAMSÈS II, à notre connaissance, selon notre hypothèse et les calculs orthodromiques[3], les deux temples se trouvaient sous le pôle Nord géographique nommé "Détroit de BÉRING", par nous, en un point "DB" (66°48' de latitude Nord, 166°49' de longitude Ouest) dans l'attente égyptienne d'un mouvement 'rectificatif' de la lithosphère le ramenant au Pôle Nord géographique que nous connaissons actuellement.

Or, contre l'attente égyptienne, rien de cela ne se produisit directement: le mouvement suivant de la lithosphère plaça le nouveau pôle Nord géographique au milieu de la Baie d'HUDSON, en un point "H" (60,00° de latitude Nord, 83,00° de longitude Ouest).[2]

Ce n'est qu'après ce mouvement que la lithosphère prit la position actuelle, en adoptant le Pôle Nord géographique actuel pour ne plus en changer définitivement jusqu'à présent. C'est précisément à ce dernier bouleversement, pensons-nous, que fait référence la toponymie de Saint-Jacques-de-Compostelle.

Une des études d'André CAPART et de son épouse[13] pose sous forme de question, dans un tableau intitulé: "*Niveaux marins au cours des temps historiques*", la possibilité de l'existence de l'Atlantide, de sa survenance puis de sa disparition. En effectuant une proportionnelle simple sur ce tableau, il devient possible de dater approximativement l'existence de l'Atlantide, selon CAPART, soit: de 1360 à 1100 av. J.-C.

La fourchette de ces dates correspond aux rares témoignages écrits parvenus jusqu'à nous concernant la disparition de l'Atlantide et aux bouleversements contemporains survenus à cette époque.[14]

VIII- CONCLUSIONS

Au-delà de l'aspect populaire attaché au pèlerinage, le symbole de la coquille Saint-Jacques et la dénomination de Saint-Jacques-de-Compostelle recèlent des arguments en faveur d'un bouleversement et d'un dernier mouvement extraordinaire de la lithosphère ainsi que la situation très particulière, une latitude quasi identique, conservée par le site après ce mouvement.

Dans la mesure où un ensemble d'arguments ne constitue pas une preuve en soi, nous pensons cependant qu'il est scientifiquement légitime de présenter une telle proposition basée sur l'analyse précise d'un déplacement calculé possible de la lithosphère, de la symbolique autour du site de Saint-Jacques-de-Compostelle et de sa coquille, à condition de la situer explicitement au niveau d'une hypothèse objectivement étayée. Et c'est bien ce que nous faisons ici.

A ce propos, il n'est pas inutile de rappeler que, dans l'histoire des sciences, même assez récente, de grandes découvertes ont été faites selon un processus similaire. Ainsi la théorie d'Alfred WEGENER, qui proposait en 1912 l'hypothèse de la dérive des continents – dite, à l'époque, des translations continentales – connaissait alors autant d'arguments en sa faveur qu'en sa défaveur. Mais elle s'est trouvée confirmée, sous une forme plus élaborée appelée: la tectonique des plaques, par des découvertes matérielles survenues dans la seconde moitié du siècle dernier.

IX. ANNEXE I: CALCUL DE LA LATITUDE DE SAINT-JACQUES-DE-COMPOSTELLE SOUS LE PÔLE NORD GÉOGRAPHIQUE "H" EN BAIE D'HUDSON, CANADA.

9.1- *Coordonnées du pôle Nord "H" (Baie d'Hudson) et de Saint-Jacques-de-Compostelle:*

		Latitudes:	Longitudes:
(angle C):	pôle Nord "H":	60°00' (60,00°) N.	80°00' (80,00°) O.
(angle B):	Saint-Jacques-de-Compostelle:	42°31' (42,52°) N.	8°20' (08,33°) O.

9.2- *Résultats:*

Selon l'application de la formule dite de GAUSS, les résultats sont:
- une latitude de Saint-Jacques-de-Compostelle de 42°57',
- une distance de 3234,83 km entre notre pôle Nord géographique et le pôle Nord géographique "H",
- une distance de 5296,58 km entre Saint-Jacques-de-Compostelle et notre pôle Nord géographique et
- une distance de 5211,41 km Saint-Jacques-de-Compostelle et le pôle Nord géographique "H",

RÉFÉRENCES:

1. WÉRY, B., *La signification des 'Alignements de Le Ménec', près de Carnac, France – La question de leurs formes en 'V" évasé*, Inédit, 36 pages, 2016.

2. HAPGOOD Charles,
   - *Les mouvements de l'écorce terrestre*, préface d'Albert EINSTEIN, traduit de l'anglais by A. FRAUGER, Ed. Payot, Paris, 1962, 335 pages.
   - *Path of the North Pole*, Ed. Chilton Book Company, Philadelphia, 1970, 413 pages.

   Cet auteur a déterminé l'existence, dans des temps très anciens ((1) 80000-75000 av. J.-C., (2) 55000-50000 av. J.-C., (3) 17000-12000 av. J.-C.), d'une situation changeante de plusieurs autres Pôle Nord géographiques. Nous avons accepté en partie cette hypothèse de travail.

3. WÉRY, B., *Les temples de Ramsès II et de Néfertari, à Abou Simbel, en Egypte, pourraient-ils être les témoins récents d'un épisode de l'histoire de la lithosphère?* Inédit, 11 pages, 2017.

4. Pour des informations générales se reporter aussi à: WÉRY, B., *Interprétations toponymiques de Saint-Jacques-de-Compostelle*, Inédit, 26 pages.

5. Toutes les coordonnées géographiques dans cet article, proviennent d'informations puisées sur le site de GOOGLE EARTH.

6. Le concept de "pivot" est exposé par Charles HAPGOOD dans son ouvrage *Les mouvements de l'écorce terrestre*, op. cit., p.151.

7. WÉRY, B., *Pour une interprétation toponymique de Saint-Jacques-de-Compostelle*, in Le Pecten, Huy, septembre 2009, p. 26 et suiv.

8. Le mot 'Compostelle' apparaît pour la première fois dans un testament daté du 30 décembre 955 sous cette orthographe. Ce n'est que l'année suivante, en 956, que l'orthographe 'Compostella' est utilisée et est adoptée définitivement. (*cf.* CHOCHEYRAS, Jacques, *Saint Jacques à Compostelle*, Collection Université, Rennes, Editions Ouest-France, 1985, p. 124).

9. Un peu d'histoire:

   Vers le IVe siècle, des communautés/colonies monastiques chrétiennes, fruits d'une diaspora originaire de Grande-Bretagne, se sont implantées notamment en Galice, territoire et entité politique, situé au Nord-Ouest de la péninsule ibérique.

   Ces communautés britanniques, chrétiennes, gallo-romaines et instruites, sont, selon toute vraisemblance, à l'origine du concept de Saint-Jacques-de-Compostelle et de son association avec un pecten à l'aspect si particulier, appelé désormais: coquille Saint-Jacques.

   Au début du Ve siècle, la Galice a aussi accueilli un peuple originaire du Sud-Est de l'Allemagne actuelle, les Suèves, puis ce furent les Vandales, un autre peuple germanique. La région fut ensuite intégrée au royaume wisigoth.

   Ce même territoire, bien que passé sous la domination arabe à partir du début du VIIIe siècle, ne fut jamais réellement assimilé.

   Par la suite, c'est au début du Xe siècle que la 'Reconquista' espagnole commença dans ces territoires. Elle trouva une part de la justification de reconquête chrétienne, et sa lutte contre le pouvoir musulman, dans la légende galicienne de Saint Jacques ainsi que dans la découverte miraculeuse de sa tombe, à Saint-Jacques-de-Compostelle même, par l'ermite Pelagius, en l'an 800. La tombe et les reliques furent reconnues officiellement quelques 200 ans plus tard, par les autorités religieuses, comme étant bien ceux de l'apôtre Jacques le Majeur.

10. "Jacques, l'usurpateur", première appellation de Jacob, Testament Œcuménique de la Bible, Alliance Biblique Universelle, Editions Le Cerf, pp. 45-46.

11. M. B. G. NIEBUHR, *Histoire romaine*, Traduit de l'allemand par GOLBERY, P.A., Tome 4, Ed. F.G. Levrault, Paris, 1835, p. 28.

    L. R. DECRAMER, R. ELHAL, R. HILTON, A; PLAS, *Approche géométrique des centuriations romaines. Les nouvelles bornes du Bled Segui*, Ed. Ehess, Paris, 1998, p. 109 à 162.

12. CHRISTIANE M. ZIVIE-COCHE, *ABOU SIMBEL in* ENCYCLOPAEDIA UNIVERSALIS, Editeur à Paris, Edition 2008, Tome I, p. 79 à 81.

13. CAPART André et Denise, *L'homme et les déluges*, Ed. HAYEZ, Bruxelles, 1986, pages 296-297.

14. Comme l'attestent les nombreux écrits relatifs à la disparition de l'Atlantide et aux mouvements lithosphériques contemporains, à savoir: le Critias et le Timée de Platon, les Métamorphoses d'Ovide, la survenance des "Peuples de la mer" en Egypte en fin du XIIIe et au début du XIIe siècle av. J.-C., le Coran et la prédiction de la Sourate n° 52, les datations de la Bible: "après 1250: la sortie d'Egypte du peuple Hébreu (Exode 12 – 15) et avant 1200: l'arrivée des Hébreux en pays de Canaan, sous la conduite de Josué (Josué 1 – 11) qui a arrêté la marche du soleil en levant les bras au ciel (voir

"*Tableau chronologique*" *in* Testament Œcuménique de la Bible, Alliance Biblique Universelle, Editions Le Cerf, p.1837).

LES TEMPLES DE RAMSÈS II ET DE NÉFERTARI, À ABOU SIMBEL, EN ÉGYPTE, POURRAIENT-ILS ÊTRE LES TÉMOINS RÉCENTS D'UN ÉPISODE DE L'HISTOIRE DE LA LITHOSPHÈRE?

I- INTRODUCTION.

Un de nos articles précédents, intitulé: "*La signification des 'Alignements de Le Ménec, près de Carnac, France – La question de leurs formes en 'V' évasé*"[1], livre une interprétation détaillée du site mégalithique. Il est daté par nous comme étant postérieur à 5000 ans avant notre ère, et remet en cause la position stable et définitive de notre Pôle Nord géographique actuel, au profit d'un autre pôle Nord géographique dénommé "YUKON"[2] (latitude: 60°00' Nord, longitude: 135°00' Ouest), situé en Alaska, en limite du cercle polaire arctique. Dans cet article, l'axe de la Terre aurait présenté la particularité d'être doté notamment d'une oscillation récurrente importante, basée sur un cycle de 11 ou 22 ans.

Dans cette même perspective, nous nous sommes mis en quête d'autres indices matériels potentiels susceptibles de conforter, ou non, la mise en évidence d'autres déplacements brusques, relativement récents, de la lithosphère de notre Planète.

Notre attention s'est tournée vers l'Égypte antique et les orientations du Grand Temple de RAMSÈS II et du Petit Temple de NÉFERTARI, à ABOU SIMBEL (qui signifie en arabe: le père de l'épi).[3]

II- LA SITUATION ACTUELLE ET LES ORIENTATIONS DU SITE D'ABOU SIMBEL. (Latitude: 22°20'12.53" Nord, Longitude: 31°37'32.20" Est) [4]

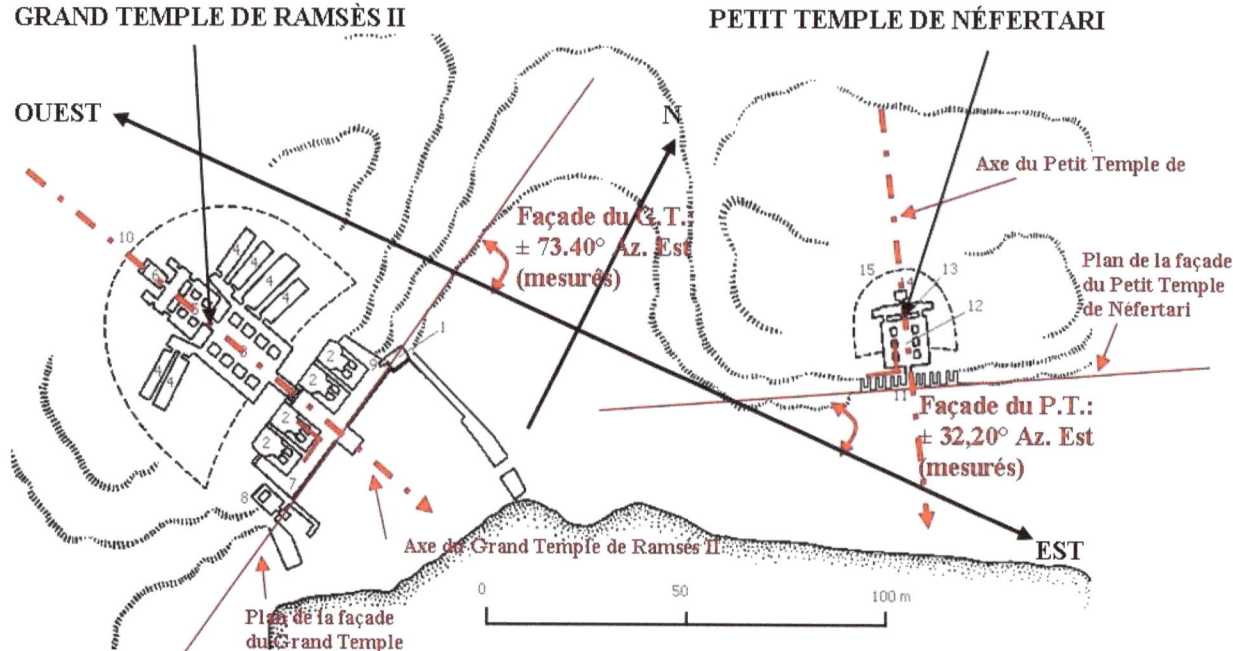

Fig. n°1 : Plan d'ABOU SIMBEL comportant les angles faits par les façades principales des deux temples: le Grand Temple de RAMSÈS II et le Petit Temple de NÉFARTARI, par rapport à l'Azimut Est actuel.[5]

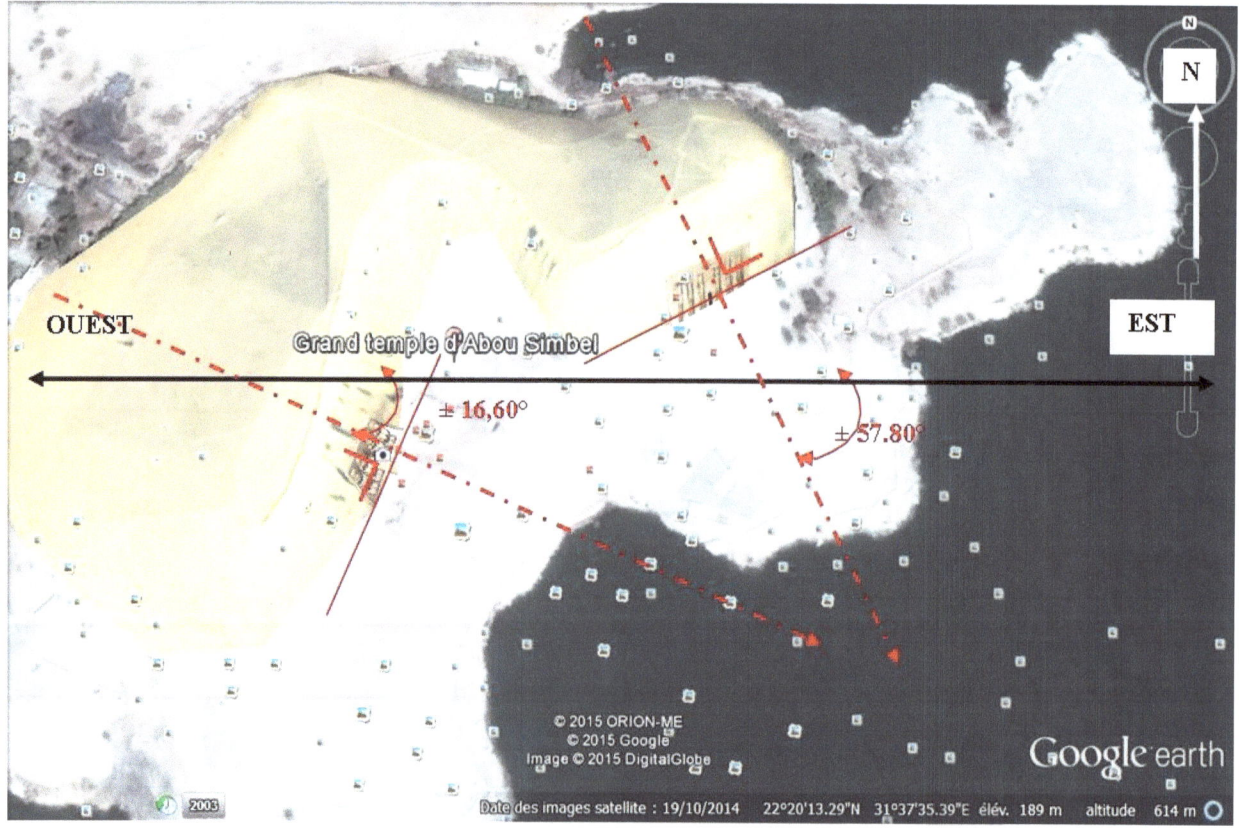

Fig. n° 2 : Photo aérienne GOOGLE EARTH du site de ABOU SIMBEL, Égypte, orientation des axes des deux temples par rapport à l'azimut Est.[6]

Sur le site Internet GOOGLE EARTH, les angles mesurés des axes des couloirs principaux des deux temples par rapport à l'azimut Est sont:
- pour le Grand Temple de RAMSÈS II (qui signifie "soleil sauvé des eaux"):
  $\pm$ 73,40° (= Az. Est de la façade du G.T.) - 90,00° = $\pm$ -16,60° azimut Est,
- pour le Petit Temple de NÉFERTARI:
  $\pm$ 32,20° (= Az. Est de la façade du P.T.) - 90,00°= $\pm$ -57,80° azimut Est.

III- DATATION DES DEUX TEMPLES.

- Date présumée du début de la construction des deux temples:
  1290 ans avant J.-C.[7]
- Différence temporelle entre la construction présumée des deux temples et l'année 2017 :   1290 ans + 2017 ans = 3307 ans,

IV- CORRESPONDANCE DES ANGLES DES DEUX COULOIRS PRINCIPAUX DES TEMPLES AVEC UN AUTRE PÔLE NORD GÉOGRAPHIQUE – EXPOSÉ DE L'HYPOTHÈSE.

Procédant par essais et erreurs, nous avons effectué un calcul orthodromique (= trigonométrie sphérique) de façon à connaître:
- les coordonnées d'un nouveau pôle Nord géographique qui permette de remplir les conditions suivantes:
  . une orientation Est – Ouest de l'axe du couloir du Grand Temple de RAMSÈS II de telle façon qu'il soit ensoleillé au moment de l'équinoxe et
  . une localisation du site d'ABOU SIMEL à l'Équateur.

Les résultats des calculs, indiquent les coordonnées d'un pôle Nord géographique situé non loin du Détroit de BÉRING, soit: une latitude de 66°48' Nord et une longitude de 166°49' Ouest (voir Annexe I: Calcul de la latitude du site d'ABOU SIMBEL sous le pôle Nord géographique du "Détroit de BÉRING "), en limite du cercle polaire arctique.

Selon cette hypothèse et ce nouveau pôle Nord géographique situé non loin du Détroit de BÉRING:
1- la latitude calculée du site d'ABOU SIMBEL est d'environ 0°00'80",
2- l'azimut Est de l'axe du couloir principal du Grand Temple de RAMÈS II est alors de: ± 0,013° ou ± 0°00'47",
3- l'azimut Est de l'axe du couloir principal du Petit Temple de NÉFERTARI est de:
    ± -57,80° - (-17,01°) = ± -40,79°.

En d'autres termes, et toujours selon cette hypothèse tenant compte des calculs orthodromiques correspondants, on peut résumer ce cas de figure comme suit:
1- le site d'ABOU SIMBEL est situé à l'Équateur,
2- l'azimut de l'axe du couloir principal du Grand Temple de RAMSES II est orienté plein Est, face au soleil levant les jours d'Équinoxe et
3- l'azimut de l'axe du couloir principal du Petit Temple de NÉFERTARI est orienté à ± -40,79° (ou ± -40°47') d'azimut Est.

Il est à noter qu'à notre grand étonnement, nous avons trouvé dans la littérature plusieurs articles d'ordre archéologique qui vont dans le sens de notre hypothèse. Ils font curieusement, en effet, état d'un ensoleillement matinal du grand couloir du Grand Temple de RAMSÈS II, 2 fois par an, lors des Équinoxes à cette époque-là. Cette information est relayée par des scientifiques de renom comme Madame CHRISTIANE M. ZIVIE-COCHE[8].

V- L'ENSOLEILLEMENT ACTUEL DES COULOIRS PRINCIPAUX DES DEUX TEMPLES ET LEURS VALEURS SYMBOLIQUES.

5.1- Les valeurs de la situation géographique actuelle

De nos jours, dans le contexte géographique actuel, l'ensoleillement du fond des couloirs principaux des 2 temples se fait, chaque année, aux dates respectives suivantes:
- pour le Grand Temple de RAMSÈS II,
    - le 21 février qui serait, selon la tradition, la date anniversaire de la naissance du pharaon et
    - le 21 octobre qui serait celle de son couronnement[9],
- pour le Petit Temple de NÉFERTARI, ± le 21 décembre, au Solstice d'hiver, soit:
    - ± -57,80° (= mesure de l'angle azimutal Est du couloir principal),
    - < >
    - Solstice - 60,08° (= calcul de l'angle azimutal Est du Solstice d'hiver sous le Pôle Nord géographique actuel),

soit une petite différence de ± 2,28° entre le lever du soleil et l'éclairage du fond du couloir (voir Annexe II: Calcul de l'angle du solstice du solstice d'hiver pour la latitude du site d'ABOU SIMBEL sous le pôle Nord géographique actuel).

5.2- Les valeurs symboliques de la situation géographique actuelle

Dans notre contexte géographique actuel, et plus directement en rapport avec la vie quotidienne des anciens égyptiens, la symbolique de ces orientations correspond aux dates:
- pour le Grand Temple de RAMSÈS II,
    - du début des crues du Nil pour le mois de février et
    - du début de la germination du blé pour le mois d'octobre et,
- pour le Petit Temple de NÉFERTARI, de la naissance d'une nouvelle année solaire ou le recommencement d'un nouveau cycle annuel.

VI- L'ENSOLEILLEMENT, SELON NOTRE HYPOTHÈSE, DES COULOIRS PRINCIPAUX DES DEUX TEMPLES ET LEURS VALEURS SYMBOLIQUES.

6.1- Les valeurs de la situation géographique selon notre hypothèse

Dans le nouveau cas de figure proposé comportant un pôle Nord géographique situé près au Détroit de BÉRING, on constate que:
- par construction, pour le Grand Temple de RAMSÈS II, le couloir principal du Grand Temple fait un angle Est azimutal égal à zéro afin de recevoir l'ensoleillement Est du soleil levant des Équinoxes et,
- pour le Petit Temple de NÉFERTARI, les dates approximatives de l'illumination du couloir principal, se situent lors de 2 dates symétriques, de part et d'autre du solstice d'hiver.

Ces dates correspondent au lever du soleil et à un angle calculé, après mesures, de ± -40,77° (voir § IV- Correspondance des angles des deux couloirs principaux des temples avec un autre pôle Nord géographique - Exposé de l'hypothèse), situé entre l'angle de l'Équinoxe égal à zéro et le Solstice d'hiver égal à -66,13°, soit:

. Nombre de jours entre l'Équinoxe et le Solstice: 365 jours/4 = 91,25 jours,
. Rapport de l'angle calculé
  sur l'angle du Solstice d'hiver: ± 40,77°/66,13° = ±0,6165 %,
. Conversion de ce pourcentage
  rapportée au nombre de jours entre
  l'Équinoxe et le Solstice: ± 0,617~x 91,25= ± 56,25 jours,
  arrondi à 56 jours,

. Dates calculées de part et d'autre du Solstice
  d'hiver, soit:
  ° 21 décembre (= solstice d'hiver) + 56 jours
    (mois de décembre: 10 jours,
    + mois de janvier: 31 jours,
    + mois de février: 15 jours):   = ± 15 février,
  ° 21 décembre (= solstice d'hiver) - 56 jours
    (mois de décembre: 21 jours,
    + mois de novembre: 30 jours,
    + mois d'octobre: 5 jours):   = ± 26 octobre.

6.2- Les valeurs symboliques de la situation géographique

Le choix de la situation géographique du site d'ABOU SIMBEL nous pose question. Car, pourquoi construire des temples de cette ampleur, aux confins du Sud du pays, à proximité de la frontière nubienne, aussi éloignés des centres de vies égyptiens?

En dehors du fait qu'une nombreuse main d'œuvre nubienne, bon marché, ait été disponible, n'y aurait-il pas eu une autre raison moins prosaïque et beaucoup plus symbolique qui aurait présidé à ces constructions 'pharaoniques'?

La situation équatoriale dont la localisation du futur site aurait profité, aurait bénéficié d'un rayonnement équinoxial parfait et cette opportunité aurait pu être mise à profit pour l'éclairage du grand couloir du temple de RAMSÈS II.

Dans la configuration d'un pôle Nord géographique situé dans la région du Détroit de BÉRING, le Sphinx de Gizeh, se serait trouvé très éloigné de l'Équateur, aurait formé un angle azimutal inadéquat, non crédible, soit 9°52' en moins que les 0°00' d'azimut Est, avec le pôle Nord actuel (voir Annexe III: Calcul de la localisation du Sphinx de Gizeh sous le Pôle Nord géographique de "YUKON"[2]). Il en aurait résulté, dès lors, que le Sphinx aurait été dans l'impossibilité d'indiquer correctement l'azimut Est, lors de l'Équinoxe, tant que cette situation perdurerait et, pour cette raison, de remplir sa fonction dévolue depuis toujours sous le Pôle Nord géographique que nous connaissons actuellement.

Ce dernier avait été construit plusieurs milliers années auparavant, sur une position anciennement équatoriale, sous le pôle Nord géographique "YUKON", mais en faisant face à l'Est, face au soleil levant de l'Équinoxe, en correspondance avec le pôle Nord géographique actuel[9] (voir Annexe III: Calcul de la localisation du Sphinx de Gizeh sous le Pôle Nord géographique de "YUKON"[2]).

Localisé à l'Équateur, le Grand Temple de RAMSÈS II pouvait alors à la fois:
- indiquer une illumination équinoxiale au lever du soleil et
- prendre le relais, et remplir le rôle, du Sphinx de Gizeh 'défaillant' 'momentanément'.

De son côté, toujours placé dans ce nouveau contexte, et en accord avec les résultats des calculs, la symbolique des dates de l'orientation du Petit Temple de NÉFERTARI aurait pu indiquer:
-- les premières pluies de la mousson, en fin du mois d'octobre, et
-- l'annonce du début des crues du Nil, au mois de février.

VII- UNE ARGUMENTATION EN FAVEUR DE NOTRE HYPOTHÈSE: LA REINE NÉFERTARI ET LA DÉESSE HATHOR.

7.1- La date des crues dans la vallée du Nil

Dans le contexte climatique équatorial actuel, les pluies de la première mousson s'échelonnent habituellement de fin octobre à mi-décembre environ.[10]

Dans ce contexte, et selon les calculs, un peu plus de 3 mois: 56 jours x 2 = 112 jours, séparent le début des pluies des moussons situé au 26 octobre environ, proche des pluies équatoriales actuelles, et l'annonce du début des crues dans la vallée fertile du Nil, le 15 février environ.

On notera que ces 2 dates calculées sont proches des dates symboliques accordées par la tradition actuelle à la naissance et au couronnement de RAMSÈS II, les 21 octobre et 21 février, mais, cette fois-ci, elles sont dévolues au Petit Temple de NÉFERTARI.

7.2- Aspects mythologiques de la déesse HATHOR

Dans le complexe panthéon égyptien, la déesse HATHOR prend plusieurs visages symboliques. Elle incarne, en premier, le visage d'une déesse dont la tête est surmontée du disque solaire entouré de 2 cornes, ou celui d'une vache dont la tête est surmontée de plumes d'autruches qui participent à la pesée des âmes des défunts, elles-mêmes entourant un disque solaire qui personnifie notamment "le renouveau après la mort".

Fig. n° 3: Représentations de la déesse Hathor portant des cornes enserrant le disque solaire, sous les traits de la mère nourricière de pharaon ou encore sous les traits d'une vache portant également le disque solaire.[11]

Fig. n° 4 : La déesse Hathor sous les trait d'une lionne, Sekhmet, face à Thot.[12]

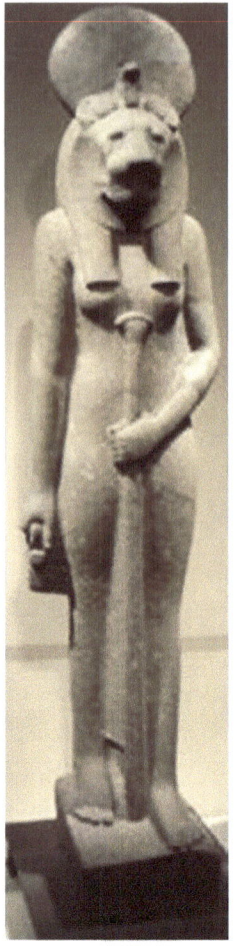

Fig. n° 5 : La déesse Hathor sous les traits d'une lionne, Sekhmet.[13]

Une autre forme symbolique de la déesse HATHOR la décrit sous les traits d'une lionne. Selon la mythologie égyptienne, la "déesse – lionne" possède un caractère sanguinaire. Elle est aussi désignée et qualifiée de "La Lointaine".

"La Lointaine est l'incarnation du rayonnement solaire qui s'affaiblit en hiver alors que s'enfuit la déesse mais qui reprend vigueur à son retour, époque des fortes chaleurs estivales précédant de peu les inondations." [14]

Selon cette légende, la déesse quitte l'Égypte pour se rendre dans le Sud, en Nubie, vers l'amont du Nil, jusqu'à la première cataracte. Après un long séjour dans ses eaux et quelques péripéties, elle perd sa puissance destructrice en revenant en Egypte et en redescendant le fleuve, apaisée. Elle prend alors la forme d'une chatte, du nom de BASTET, déesse de la fertilité, douce et protectrice des foyers.

La reine NÉFERTARI aurait pu alors être assimilée à la déesse HATHOR et certains de ses attributs.

7.3- <u>Les deux temples d'ABOU SIMBEL et les représentations de la déesse HATHOR</u>

D'une part, dans son Grand Temple, RAMSÈS II est représenté sur le mur Nord, siégeant face aux ennemis de l'Égypte, les HITTITES, avec présents à ses côtés, de part et d'autre: une déesse à tête de lionne et le dieu RÊ-HORAKTHY.

D'autre part, sur les murs de son Petit Temple, NÉFERTARI est identifiée et représentée:
- sous les traits de la déesse HATHOR arborant une perruque aux lourdes boucles tombantes; pour nous, un des attributs de la déesse – lionne et, également,
- sous les traits de la déesse HATHOR surmontées de longues cornes enserrant un disque solaire, soit, pour nous, la symétrie des cornes suggérant symboliquement, l'"encadrement' de la naissance du nouveau soleil, au Solstice d'hiver formalisant:
    . un premier passage de la "déesse – lionne" vers le Sud, en fin du mois d'octobre, précédant le solstice d'hiver représenté par le disque solaire, et
    . un second passage de la "déesse – chatte" vers le Nord, cette fois, en mi-février, après le solstice d'hiver.

Dans son même temple, NÉFERTARI est désignée sous l'appellation: "NÉFERTARI pour qui se lève RÊ-HORAKTHY", le dieu du soleil matinal. En d'autres termes, cette adroite appellation ambiguë peut être comprise de deux façons:
- soit, RÊ-HORAKTHY naît pour NÉFERTARI, lors de son jour particulier, le jour du Solstice d'hiver,
- soit, NÉFERTARI protège et assiste à la naissance du soleil matinal, RÊ-HORAKTHY qui naît pour elle et, de plus, elle permet et "encadre" le devenir d'un nouveau soleil, KHÉPRI, au moment du Solstice d'hiver.

7.4- Une possible justification de l'orientation du couloir principal du Petit Temple

En résumé, avec l'appui symbolique de ces deux mythes anciens, juxtaposés mais distincts, nous pensons qu'il est possible de voir en NÉFERTARI, l'épouse déifiée préférée de RAMSÈS II, les incarnations suivantes de la déesse HATHOR:
- avec une tête de lionne, connue sous l'appellation de "La Lointaine",
- portant KHÉPRI, celle qui protège et assiste la renaissance du Soleil et
- sous les traits de la "déesse – chatte" des foyers.

Cela justifie, à nos yeux, l'orientation du couloir principal du Petit Temple de NÉFERTARI qui, comme nous l'avons vu précédemment, par son orientation et son ensoleillement calculés, indique deux dates annuelles clés calculés: le 26 octobre et le 15 février.

Or, cela n'est pas le cas pour une justification de l'orientation actuelle du Petit Temple de NÉFERTARI dont l'orientation est -57,80° d'azimut Est, soit grossièrement l'orientation du Solstice d'hiver sous le Pôle Nord géographique actuel. Et cela ne correspond pas à une signification claire en rapport avec la reine NÉFERTARI, divinisée et représentée dans les deux temples sous les traits et les attributs de la déesse HATHOR.

VIII- CONCLUSION.

D'un point de vue symbolique, la représentation de la déesse HATHOR, associée systématiquement à NÉFERTARI, dans son Petit Temple ainsi que dans le Grand Temple de son mari Ramsès II, n'est certainement pas fortuite. Et elle ne s'explique et ne se justifie, à nos yeux, que dans la mesure où l'illumination par le soleil levant du grand couloir de son Petit Temple se fait aux 2 dates symétriques, soit 56 jours x 2, par rapport au solstice d'hiver.

En conséquence, aussi surprenant que cela puisse être à première vue, l'hypothèse développée au cours de cet article semble accréditer l'idée selon laquelle l'ancienne culture égyptienne était consciente et informée des bouleversements dus aux brusques déplacements de la lithosphère et, subséquemment, des déplacements des pôles Nord géographiques et de leurs remplacements réguliers et systématiques, tôt ou tard, au profit du Pôle Nord que nous connaissons actuellement.

Pourrait-on en déduire alors que RAMSÈS II aurait voulu faire jouer aux deux Temples d'ABOU SIMBEL, construits à dessein au Sud de l'Egypte, à l'Équateur, sous le pôle Nord géographique du "Détroit de BÉRING", des rôles symboliques plausibles quels que soient les deux cas de figures envisagés:
  - le pôle Nord géographique situé aux environs du "Détroit de BÉRING" ou
  - le Pôle Nord géographique actuel?

Il se serait identifié et substitué, le temps que durerait la position du pôle Nord géographique au "Détroit de BÉRING", au rôle dévolu depuis toujours au Sphinx de Gizeh?

Dans la mesure où un ensemble d'arguments ne constitue pas une preuve en soi, nous pensons cependant qu'il est scientifiquement légitime de présenter une telle proposition basée sur l'analyse précise des temples d'ABOU SIMBEL à condition de la situer explicitement au niveau d'une hypothèse objectivement étayée. Et c'est bien ce que nous faisons ici.

A ce propos, il n'est pas inutile de rappeler que, dans l'histoire des sciences, même assez récente, de grandes découvertes ont été faites selon un processus similaire. Ainsi la théorie d'Alfred WEGENER, qui proposait en 1912 l'hypothèse de la dérive des continents – dite, à l'époque, des translations continentales – connaissait alors autant d'arguments en sa faveur qu'en sa défaveur. Mais elle s'est trouvée confirmée, sous une forme plus élaborée appelée: la tectonique des plaques, par des découvertes matérielles survenues dans la seconde moitié du siècle dernier.

IX- ANNEXE I: CALCUL DE LA LATITUDE DU SITE D'ABOU SIMBEL SOUS LE PÔLE NORD GÉOGRAPHIQUE DU " DÉTROIT DE BÉRING".

9.1- *Coordonnées du pôle Nord géographique " DÉTROIT DE BÉRING" et le site d'ABOU SIMBEL (Égypte):*

		Latitudes:	Longitudes:
(angle C):	pôle Nord géographique "DÉTROIT DE BÉRING":	66°48' (66,80°) N.	166°49' (166,82°) O.
(angle B):	ABOU SIMBEL:	22°20' (22,34°) N.	31°37' (31,62°) E.

9.2- *Résultats:*

L'application de la formule dite de GAUSS donne pour résultats:
- la latitude de 0°00'08" (= ± Équateur) du site d'ABOU SIMBEL, sous le pôle Nord géographique "DÉTROIT DE BÉRING",
- l'azimut de l'axe du Grand Temple de RAMÈS II: ± 0,013° ou ± 0°00'47",
- un angle de 17,03° ou 17°02' avec le pôle Nord actuel, et
- un angle pour le solstice d'hiver de – 66,16° ou 66°07'.

X- ANNEXE II: CALCUL DE L'ANGLE DU SOLSTICE D'HIVER POUR LA LATITUDE DU SITE D'ABOU SIMBEL SOUS LE PÔLE NORD GÉOGRAPHIQUE ACTUEL.

10.1- *Coordonnées du pôle Nord géographique actuel et le site d'ABOU SIMBEL (Égypte):*

		Latitudes:	Longitudes:
(angle C):	pôle Nord géographique actuel:	00°00' (00,00°) N.	00°00' (00,00°) O./E.
(angle B):	ABOU SIMBEL:	22°20' (22,34°) N.	31°37' (31,62°) E.

10.2- *Résultats:*

L'application de la formule dite de GAUSS donne pour résultats:
- l'angle du solstice d'hiver est de 60,08° ou 60°04'.

XI- ANNEXE III: CALCUL DE LA LOCALISATION DU SPHINX DE GIZEH SOUS LE PÔLE NORD GÉOGRAPHIQUE DE "YUKON".[2]

11.1- *Coordonnées du pôle Nord géographique " YUKON" et le Sphinx de Gizeh (Égypte):*

		Latitudes:	Longitudes:
(angle C):	"YUKON":	60°00' (60,00°) N.	135°00' (135,00°) O.
(angle B):	LE CAIRE:	30°00' (30,00°) N.	30°03' (30,05°) E.

11.2- *Résultats:*

L'application de la formule dite de GAUSS donne pour résultats:
- la latitude de 0°50' (= ± Équateur) du Sphinx sur le Plateau de Gizeh, sous le pôle Nord géographique "YUKON",
- un angle de 7°25' avec le pôle Nord géographique actuel.

RÉFÉRENCES:

1. WÉRY, B., *La signification des 'Alignements de Le Ménec', près de Carnac, France – La question de leurs formes en 'V" évasé*, Inédit, 36 pages, 2016.
2. HAPGOOD Charles,
   - *Les mouvements de l'écorce terrestre*, préface d'Albert EINSTEIN, traduit de l'anglais by A. FRAUGER, Ed. Payot, Paris, 1962, 335 pages.
   - *Path of the North Pole*, Ed. Chilton Book Company, Philadelphia, 1970, 413 pages.

   Cet auteur a déterminé l'existence, dans des temps très anciens ((1) 80000-75000 av. J.-C., (2) 55000-50000 av. J.C., (3) 17000-12000 av. J.-C.), d'une situation changeante de plusieurs autres Pôle Nord géographiques. Nous avons accepté en partie cette hypothèse de travail.
3. Le creusement des deux temples d'ABOU SIMBEL dans la montagne aurait commencé en l'an 26 du règne de RAMSÈS II. Les travaux se seraient étalés de 1290 à 1244 av. J.-C., soit 46 ans.

   Récemment; les travaux de surhausse de 65 m du niveau des deux temples, en raison de la construction du barrage d'Assouan, situé à 290 km au Sud, ont commencé en 1962 et se sont terminés en 1971.

   Une très légère erreur d'orientation de l'axe du Grand Temple est apparue dans la nouvelle réalisation. Elle a eu pour conséquence un ensoleillement différé d'un jour en plus environ du fond de son couloir principal.
4. Toutes les coordonnées géographiques ainsi que tous les angles mesurés mentionnés dans cet article, proviennent d'informations puisées sur le site de GOOGLE EARTH.
5. Fig. n° 1: Plan d'ABOU SIMBEL comportant les angles faits par les façades principales des deux temples: le Grand Temple de RAMSÈS II et le Petit Temple de NÉFARTARI, par rapport à l'Azimut Est actuel. S.R.
6. Fig. n° 2: Vue aérienne d'ABOU SIMBEL et les angles mesurés faits par les façades principales des deux temples: le Grand Temple de RAMSÈS II et le Petit Temple de NÉFARTARI, par rapport à l'Azimut Est actuel, reproduction d'un plan GOOGLE EARTH.
7. CHRISTIANE M. ZIVIE-COCHE, *ABOU SIMBEL* in Encyclopaedia Universalis, Editeur à Paris, Edition 2008, Tome I, p. 79 à 81.
8. CHRISTIANE M. ZIVIE-COCHE, *ABOU SIMBEL* in Encyclopaedia Universalis, Editeur à Paris, Edition 2008, Tome I, p. 79).

   Serait-ce la retranscription d'informations relevées sur les murs de ces temples?

   Pour ce faire, il faudrait, comme nous le verrons, qu'un autre pôle Nord géographique ait été situé dans la région du Détroit du Béring, par exemple.

   D'autres indices, symboliques cette fois, allant dans le sens de notre hypothèse, relevés sur les murs des 2 temples seront présentés plus avant.
9. NDLA: Une sorte d'affirmation du Pôle Nord géographique que nous connaissons actuellement.
10. www.kenya-guide.com – crédit: André BRUNSPERGER.
11. Fig. n° 3: Représentations d'Hathor portant des cornes enserrant le disque solaire, sous les traits de la mère nourricière de pharaon ou encore sous les traits d'une vache portant également le disque solaire, crédit Wikipédia.
12. Fig. n° 4: La déesse Hathor sous les trait d'une lionne, Sekhmet, face à Thot, crédit: www.BUBATIS.BE/religion/dieux/voyage/Nubie/"L'Égypte ancienne" de B@STET
13. Fig. n° 5: La déesse Hathor sous les trait d'une lionne, Sekhmet, Altes Museum, Berlin, crédit: Wikipédia.
14. www.BUBATIS.BE/religion/dieux/voyage/Nubie/"L'Égypte ancienne" de B@STET.

www.ingramcontent.com/pod-product-compliance
Lightning Source LLC
Chambersburg PA
CBHW051833210526
45473CB00005B/1863